はじめに

　建設工事の作業所では、新たに現場に入る人たちに対して「新規入場者教育」が行われます。工事の概要や特徴、元請けが定める現場全体のルールなどを知ってもらうことによって、労働災害防止と安全施工を徹底させることが教育実施の目的とされています。

　その趣旨と実効性をより高めるため、最近では専門工事業者（協力業者）によって事前に「送り出し教育」が実施されるようになりました。それを現場入場の重要な条件としている作業所も少なくありません。

　入場に先がけて行われる教育では「担当する工事内容の説明」とあわせ「自社の施工要領と作業手順の再確認」、「作業に潜む危険・有害要因の指摘と安全確保への取組み方」などを主な事項としながら、災害防止に向けた安全意識の向上が図られます。

　本冊子は、その中から作業者の皆さんに特に留意していただきたい「災害発生の実情」と「災害から身を守るための心得と現場活動」にポイントを絞りながら、〝安全のはじめの一歩〟をポケットブックのかたちにまとめたものです。

　送り出し教育時のサブテキスト、あるいは現場に出る前の自己チェック本としてご活用ください。

　　平成 26 年 6 月

　　　　　　　　　　　　　　　　　　　株式会社労働新聞社

もくじ

Ⅰ 災害は〝気持ちのすき間〟を突いてくる‼ ……………………3
　現場ではこんな事故・災害が………………………………………3
　発生原因の大半は〝ちょっとしたミスやエラー〟に………………5

Ⅱ なぜ「送り出し教育」が行われるのか……………………………9
　「作業手順」と「基本的なルール・心得」を再確認………………9

Ⅲ 災害から身を守るために必要な「心得」と「現場活動」………12
　「作業手順」確認は安全施工への第一歩…………………………15
　作業前には不安全かどうかの「点検」も…………………………18
　「４Ｓ」をおろそかにすると災害の原因に………………………20
　危険を避けるには「ＫＹ」を………………………………………22
　「熱中症」の予防と健康管理………………………………………27
　「指差し呼称」は、意識をはっきりさせ、
　　うっかりミスを防ぐ！…………………………………………29
　「ヒヤリ・ハット」は隠さずに報告しよう………………………30
　「ほうれんそう（報告・連絡・相談）」は欠かさず、必ず……33

Ⅳ 油断、うっかり、凡ミスによる「災害事例」……………………35

I 災害は〝気持ちのすき間〟を突いてくる!!

現場ではこんな事故・災害が

　建設工事現場ではいろいろな災害が発生しています。足場などの高所からの**墜落・転落**、重機械による**激突・挟まれ**事故、物の**飛来・落下**での負傷、資材につまずいての**転倒**、電動工具使用中の手足の**切傷**、土砂崩壊による**生き埋め**、有機溶剤や一酸化炭素による**中毒**、運搬作業時の**腰痛発症**、夏場の**熱中症**……等々が、くり返されていてなくなりません。

　災害による最近の**年間死傷者数は、休業4日以上だけでも約2万3000人**にのぼり、**死亡者はおよそ〝1日に1人〟**という状況にあります。

　こうした数字を聞いても、たいていの人は他人事と思いがちですが、どんな作業にも危険性と有害性は潜

んでいるものです。〝自分だけは例外〟などと言いきれる保証はどこにもありません。

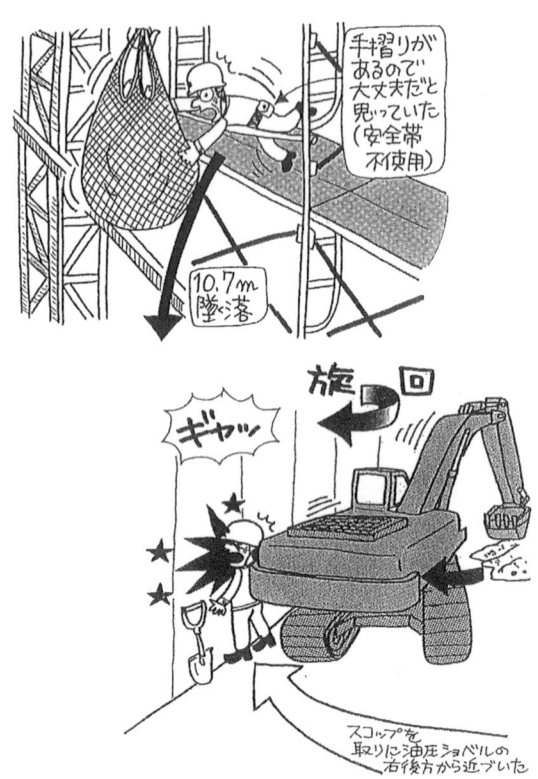

発生原因の大半は〝ちょっとしたミスやエラー〟に

　災害発生の原因をさぐってみると、機械・設備の欠陥や悪天候などの作業環境によるものも結構あるのですが、一番問題になっているのは作業者自身の**不安全行動**です。それが災害を引き寄せてしまっているケースが大半を占めていると言っていいようです。

　ここでは、人の側で起こしてしまう原因（いわゆる**「ヒューマンエラー」**）にスポットを当てて労働災害の実情を考えてみましょう。

　人間に不安全な行動や動作をさせてしまう要因には、直接的なものから間接的なものまで様ざまあります。それがいくつか重なったり、絡み合ったりして大きなミスやエラーを引き起こすのですが、やっかいなのは**本人がそれと気づかず、いつのまにか無意識のうちに**そうしてしまっていることです。

　災害が起きてしまった後、「何であんなことに……」

といった声を周囲の人からよく聞きます。恐らく、慣れた作業だったので**「つい危険を軽くみて」**とか**「注意を怠って」**あたりに〝考えられないような災害〟の原因があったのでしょうが、エラーやミスにつながる**「安全軽視」**の心理はいろいろな形で現れます。典型的なのが**「作業手順の省略（手抜き）」**、**「ルール無視」**、**「（遠回りを面倒がっての）近道行動」**などです。

　「安全軽視（過信）」以外では、誰にでもある**「うっかり」**、**「ぼんやり」**、**「錯覚（見間違い、聞き違い）」**、**「思いこみ」**のほか、**「作業についての知識不足」「経験不足（未熟練）」、「疲労や病気などでの体調不良」、「中高年齢者にみられる身体機能の低下」**などがエラーを誘い出す要因に挙げられています。

また、作業状況や労働環境が影響してのミスもよくありがちですから、注意が必要です。

懸命ミス	作業に熱中し過ぎて、周りの状況が見えなくなってのミス
確信ミス	経験に頼り過ぎて異常を見逃してしまうミス
焦りミス	作業の遅れなどでの焦りが引き起こすミス
放心ミス	単調な作業の繰り返しなどで刺激が少ないときに起こすミス
多忙ミス	放心ミスの逆で、忙しいときのイライラ感などが原因となってのミス

　このほか、**機械のトラブル時、悪天候時**などでも思わぬエラーやミスが出やすくなります。

　作業現場でのちょっとしたエラーや本人も気づいていない油断・不注意は、思わぬケガだけでなく、時には重大な災害となって命を失くすことさえあります。

事故・災害は、「**緊張感や警戒感の薄れた〝気持ちのすき間〟を突いて発生する**」ことを、常に意識の中において忘れないでください。

　人の特性としてありがちな不安全行動をなくすには、何よりも作業者一人ひとりが注意を心がけ、危険への感覚を鈍（にぶ）らせないようにすることです。

　現場での仕事は、物づくりだけではありません。**「安全に作業をするのも仕事のうち」**です。

Ⅱ なぜ「送り出し教育」が行われるのか

「作業手順」と「基本的なルール・心得」を再確認

　専門工事業者（協力会社）の皆さんが新しい現場（工事作業所）に入ると、最初に「新規入場者教育」があって、担当工事の概要や特徴、安全衛生管理に関する基本方針、安全施工サイクル、それに沿って日常的に実施する活動、災害を防ぐうえで守らなければならないルール・注意事項などについての説明と教育を受けます。

　「送り出し教育」は現場入場に先がけ、協力会社の事業主が事前に自社（あるいは二次・三次下請業者）の職長・全作業員を対象に独自に実施するもので、協力業者各社の安全衛生施策、作業の手順、安全関係の基準や順守事項を再確認（もしくは再教育）することが目的になっています。

具体的な教育事項には、次のようなものがあります。

<主な教育事項>
①　新たに入場する現場の状況、作業内容
②　安全に作業するための基本心得、順守すべきルール、禁止事項
③　作業の方法と手順の確認
④　危険作業と災害事例
⑤　作業所で行う安全活動の内容
⑥　災害発生時の処置
⑦　その他

こうした教育が必要とされる背景には、「作業者自身の不安全行動による災害が高い割合を占めて後を絶たない」、また**「入場1週間以内での死亡災害数が想像以上に多い」**という現実があります。

そのため入場前教育の実施が年々重視されるようになっていて、**「送り出し教育を受けていない作業者には作業をさせない」**としている作業所が増えているのです。

【参考】入場後の日数別死亡災害の割合

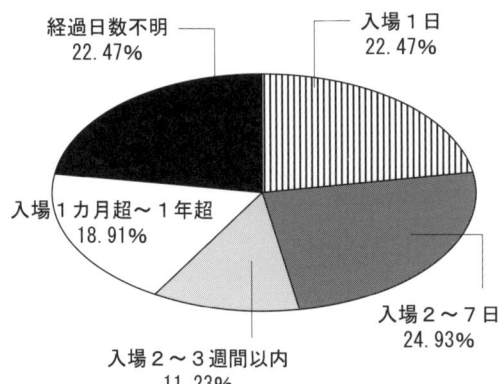

<発生要因>

① 送り出し教育、新規入場者教育の不足・不徹底
② 作業の特性などに対する認識不足、不慣れ
③ 作業所ルールの順守不徹底
④ 注意・指示事項に対する理解・周知の不足

Ⅲ 災害から身を守るために必要な「心得」と「現場活動」

　作業現場に入る前に知っておくべきこと（送り出し時の教育事項）をいくつか挙げました。どれも重要なのですが、その中でも実際に作業を行う皆さんがケガや障害を負わないようにするためには、**「安全作業心得」**を忘れず、**「作業手順」**をきちんと守り、**「全員参加による安全活動」**を積極的に実践していくことが大切です。

― **安全作業心得** （共通事項） ―

1. 朝礼には必ず参加し、安全に関する情報や説明を聞きもらさないようにする。
2. 朝礼後のグループごとの安全ミーティング、ＫＹ（危険予知）活動にも必ず参加し、当日の作業に関する連絡・指示、災害防止についての注意などを厳守する。
3. 作業に適した服装で、必要な保護具を使用して作

業をする。保護具は着用前に点検する。
4. 体調が悪いときには職長に申し出る。また、酒気を帯びての作業は絶対にしない。
5. 作業中は、指示されたこと以外は勝手にしない。機械・電動機・スイッチは決められた者以外は取り扱わない。
6. 作業方法や手順を確認し、勝手に省略したり変更したりしない。
7. 作業で自分が使用する工具・機械を必ず点検する。
8. 立入禁止の標示がある場所には絶対に入らない。危険・有害な場所には接近しない。
9. 「上下作業」をしない。事前の打合せや連絡で上下作業を行わないようにする。
10. 共同作業では合図・連絡・確認を必ず実行する。
11. 決められた安全通路、昇降設備を使用する。
12. 高所から物を投げない。
13. 手すりや柵などの安全設備を勝手にはずさない。
14. ケガをしたり事故が起きたときには、程度の大小に関わりなく、すぐに元請け職員などに報告する。
15. 作業が終わった後には、持ち場の後片付け(整理・整頓・清掃)のほか工具類の点検・整備も行う。

作業心得にはこのほか、**「機械の運転、検査等は有資格者以外は行わない」**、**「場内での車のスピードは指定速度を厳守」**、**「作業中のくわえ煙草は厳禁。指定場所以外での喫煙禁止」**などがありますが、いずれも基本中の基本といえるものです。守ろうと心がければ、決して難しくはありません。

　そのへんを甘く考えての軽率な行動は、自分自身の命取りにもなります。

「安全作業心得」は災害から身を守る〝こころの保護具〟です。

「作業手順」確認は安全施工への第一歩

　実作業に入る前に、必ず確認しておかなければならないものに「作業手順」があります。これは、**同じ作業でも現場によって手順が違う場合がある**からです。

　施工方法の把握と確認は、安全施工へ踏み出す最初の一歩だと言っていいでしょう。

　新しい現場に入る前に、皆さんが担当する作業の手順をもう一度チェックし、改善するところがないか考えてみましょう。

安全作業の〝急所〟が分かる！

　安全作業手順書には、作業を安全・確実に能率よく仕上げられるよう、その「手順」と「急所（安全面でとくに気をつけるべき点、疲れが少なく楽に作業ができるポイント）」が、準備作業、本作業、後始末作業の流れに沿ってまとめられています。

それを勝手に変えたり省略すると、ムリ・ムダ・ムラが出てくるだけでなく、災害の可能性を高めることになりますから、絶対にしないでください。

　ヒューマンエラーによる災害原因でも「手順の省略や無視」が相当あります。作業に慣れたベテランの方にありがちですから、注意が必要です。

安全作業手順書
（例：1人で資材を運搬するとき）

作業区分	作業手順	作業の急所	危険性または有害性	防止対策	実施者
準備作業	荷降ろし場所の点検	・作業に支障がないか ・置場の整理整頓を			
	運搬経路の点検	・通路の障害物、段差、配筋の間隔	・障害物、隙間に足を取られ転倒する	・歩み板を運搬経路上に敷く ・通路が変わったらそのつど敷き替える	作業員 作業員

		・歩み板を敷く		・歩み板を運搬経路上に敷く	作業員
	鉄筋を束ねる	・手を挟まれないよう	・鉄筋材に手を挟む	・決められた運搬本数に小分けする	作業員
				・ゆっくりあわてず鉄筋の端を掴み分ける	職長の監視
本作業	持ち上げ担ぐ	・足を広げて（肩幅） ・腰を落として	・無理な姿勢で持ち上げると腰を痛める	・荷を担ぐ時は、足は肩幅で腰を十分に落とし、肩に担ぐ	作業員
	運搬する	・足元の1m先を見る	・配筋材に足を突っ込み転倒する	・歩み板を運搬経路上に敷く	作業員
		・曲がる時は、後方に人がいないか他の作業員にも気を配る	・鉄筋材が当たりケガをさせる	・曲がる時は後方を点検し第三者がいないかを確認してから曲がる	作業員、職長他
	とまる				
	荷を降ろす	・腰を落として ・ゆっくりと	・降ろす姿勢が悪いと腰を痛める	・荷を降ろす時は、腰を十分に落とし、ゆっくり肩から降ろす	作業員

作業前には不安全かどうかの「点検」も

作業を始めるに当たっては、「機械・設備に不具合や不安全状態がないか」を見ておく必要があります。これを「作業前点検」といいますが、そこでの見落としが事故災害につながったケースも多くありますから、上っ面だけの点検は危険このうえないと言っていいでしょう。

チェック項目は職種や作業態様によって違ってきますが、建設現場で共通の目安となる好例に**【安全5分間点検】**があります。

【安全5分間点検】
① 作業場所は安全か
② 作業設備は安全か
③ 作業方法は安全か
④ 保護具は良いか
⑤ 使用機械は安全か

点検で異常な状態（例えば「部材の損傷・変形・腐食」「足場の取付けなし」「機械の機能低下」「安全設備の取外し」など）が見つかったときには、ただちに職長や安全衛生責任者に知らせ、改善してもらうようにしてください。

「4S」をおろそかにすると災害の原因に

4S（整理・整頓・清掃・清潔）は、作業をムダな動きなしに、危なげなく、気持ちよく進めるための絶対条件です。

作業場所や通路が乱雑だったり、よけいな物が置いてあったりすると、つまずいたりするだけでなく、手足に重傷を負ったり、墜落・転落の原因にもなります。

▼4Sを行うときは、次のことを心がけてください。

① **整理は、短時間で一斉に行う。**

② **不要な物は、思いきって処分する。**

③ **資材や工具は、取り出しやすい置き場所や置き方を決めておく。使った工具は、必ず元に戻しておく。**

④ どこに何があるか、誰が見てもひと目で分かるように表示しておく。

⑤ 物を置くときは、直線的・直角的・平行的に置く（場内がスッキリして気持ちのいい作業環境になる）。

⑥ 乱雑に置かれた資材などは、障害物になって危険であることを周知する。

⑦ 作業場所はこまめに掃除する。

⑧ 作業服だけでなく、保護帽（ヘルメット）・安全靴・保護マスクなどの保護具類も常に清潔にしておく。

危険を避けるには「KY」を

KY（危険予知）は、作業者の災害防止に欠かせない活動として、どの作業所でも実践されるようになっています。

活動の目的は、「作業に潜む危険を考え」ながら、作業者一人ひとりの「危険に対する感受性を高める」ことにあります。

すでにKYのやり方はご存知かと思いますが、やり慣れて形だけのKYになっている例も見られますから、留意点とあわせ「活動のプロセス」を改めて整理してみます。

一人ひとりが〝危険への意識〟を持たなくては意味がない！

▼作業開始前のグループでの実施プロセスは次のとおりです。
   ① **これから始まる作業に、どんな危険があって、どうなるかを皆で話し合う。**
   ② **その危険が及ぼす状態を想像しながら、特に危険と思われる点（危険のポイント）を１つか２つマークする。**
   ③ **危険のポイントを避けるにはどうすればいいか、全員で防止対策を考える。**
   ④ **いくつかの対策の中から、すぐに実践する必要のあるものを自分たちの行動目標として決め、指差し唱和で確認する。**

　リーダーを中心に働く仲間（作業グループ）と行うＫＹでは、全員に気づいたことを自由に発言してもらうことが大事です。どんなことでも、災害を避けるにはどうするかを話し合うことが、一人ひとりの安全意識を少しでも刺激することになるからです。

【１人ＫＹ＝自問自答ＫＹ】

　通常のＫＹ活動は、複数の仲間と危険のポイントをさぐりますが、作業に入ってからは個々人が自分の作業場所とか作業動作に注意しなければなりません。

　そのために行われているのが、「１人ＫＹ」、「自問自答ＫＹ」です。

- **落ちることはないか**
- **挟まれることはないか**
- **巻き込まれることはないか**
- **転ぶことはないか**
- **ぶつかることはないか**
- **切ることはないか**
- **腰を痛めることはないか**
- **感電することはないか**
- **その他、ケガをしそうなことはないか**

――などを、自分自身に問いかけ、危険の有る無しを確認してください。

　「１人ＫＹ」は〝**作業にかかる前に一呼吸おいて**〟自問自答するのがコツです。

【健康KY】

これは言葉のとおり、作業者の健康状態を見ての危険予知です。

職長が、作業者の一人ひとりを見ながらの「観察項目」と、作業者自身での「自己健康チェック」がありますから参考にしてください。

＜職長による健康観察５項目＞

① 姿勢はどうか、シャンとしているか
② 動作はどうか、キビキビしているか
③ 顔つきや表情はどうか、イキイキしているか
④ 目はどうか、スッキリしているか
⑤ 話し方はどうか、ハキハキしているか

> <作業者の自己健康チェック 10 項目>
>
> - 頭痛がする
> - めまいがする
> - 手足にしびれがある、腰が痛い
> - 胃が痛い、下痢気味
> - 熱がある
> - 心臓のぐあいが悪い、動悸がする
> - 出血している
> - 咳や鼻水が出る
> - だるい
> - 眠い

「**体のぐあいが悪い**」、「**気分がすぐれない**」、「**ものごとに集中できない**」状態での就労は、作業能率が大きくダウンするほか、エラーやミスにつながって大ケガをしたりします！

「熱中症」の予防と健康管理

　体調と環境しだいでは夏季あるいは屋外以外でも熱中症の危険があります。

　以下の人は熱中症にかかりやすい人なので、注意しましょう。

- 高齢者（65歳以上の人）である
- 心筋梗塞、狭心症などにかかったことがある
- これまで熱中症になったことがある
- 高血圧である
- 太っている
- 下痢をしている
- 二日酔いである
- 朝食を食べなかった
- 寝不足である

　また、休憩時には左ページの健康自己チェック10項目に該当する症状が出ていないか確認し、少しでも異常があれば申し出ましょう。

【作業前】
- 体調に不安がないか自分自身でチェックしてみる
- しっかり水分を補給し、適度の塩分を取っておく

【作業中】
- 十分な休憩時間を確保する
- 休憩時には水分と塩分の補給を心がける
- 作業服は吸湿性、通気性の良いものを着用する
- 帽子は通気性の良いものを着用する
- 作業中に気分が悪くなったり、手足のしびれ、めまい、けいれんなどが起きたときは、すぐに職長に申し出る
- 熱中症では？と感じたときは、無理に作業を続けない

【普段の健康管理】
- 食事前、仕事が終わった後は手洗いを励行する
- うがいを頻繁に行い、気管の炎症、感染症を予防する
- バランスの良い食事に気を配る
- 睡眠時間を確保する

「指差し呼称」は、意識をはっきりさせ、うっかりミスを防ぐ!

　ＫＹとセットで行われる安全確認動作に「指差し呼称」があります。
　よく駅のホームで車掌や駅員さんが「～～ヨシ！」と言いながらやっている、あの動作です。

　指差し呼称をすると、誤りの発生率が「何もしない時の６分の１になる」という実験結果もあって、安全確認だけでなく、本人の意識や気持ちの集中にも効果があると言われています。

　声を出すのが恥ずかしい、照れくさい、格好悪いという人もいますが、慣れて身に付くと、うっかりミスとか思わぬエラーがなくなりますから、ぜひ実行してください。

「ヒヤリ・ハット」は隠さずに報告しよう

災害にこそならなかったものの、もうちょっとで落ちそうになったり挟まれそうになってヒヤッとし、ハッとしたという経験が誰にもあると思います。

建設現場の安全では、災害の一歩手前で危うく難を逃れた状態を「ヒヤリ・ハット」と呼んでいますが、その体験を自分だけでしまい込まずに、職長等に**報告**し、ほかの仲間にも安全ミーティングのときなどに知ってもらう活動が行われています。それが**「ヒヤリ・ハット報告活動」**です。

活動の大きな狙いは、危険・災害とのニアミス（無意識のうちの接近）が**再発しない対策を考えるうえでの貴重な情報**として生かすことのほか、**同じ職場での身近な事例を通じて作業者全員に強く注意をうながす**ところにあります。

ヒヤッとした、ハッとした原因は様ざま

　危ないめにあった体験者に、その場面を振り返ってもらうと、

- 大丈夫と思った。
- 気がつかなかった。
- よく見えなかった。
- 見落とした。
- 深く考えなかった。
- そのとき他のことを考えていた。
- 無意識に手が動いた。
- 手足や体が正確に動かなかった。思うように動かなかった。
- 体のバランスをくずした。
- 危険について考えていたが、作業時に忘れていた。
- 体調が悪かった。

など、様ざまな理由が出てきています。

原因はほかに設備上の欠陥などもあって多種多様ですが、どれも災害につながって不思議でないものばかりです。そうした体験を人に話すことには抵抗感もあるでしょうが、報告は仲間に同じ体験をさせないためにするものだと思ってください。

　〝ヒヤリ隠し〟は、災害原因の放置になります。

「ほうれんそう（報告・連絡・相談）」は欠かさず、必ず

現場では、「大事なことなのに報告や連絡がなかった」とか、「相談なしに勝手に作業方法を変えてしまった」ために起こるトラブルが少なくありません。

いろんな職種の人が混在して作業をする中では、その種のトラブルが起こりがちで、それが遠因になって事故や災害が発生することもあります。

そのため、作業の進行状況や予想外の問題に関する第一線現場からの**報告・連絡・相談（ほう・れん・そう）**の徹底は、仕事をスムーズにこなしていくうえで必要不可欠な実施事項（ルール）の１つになっています。

- 作業の状態や問題点、その結果などを伝えることで、指示した（指示された）仕事の進行状況を把握できる。
- 作業の確認によって、効率的に仕事を進めるためのアドバイスや指示を出せる。

- トラブルやミスによる被害を最小限に抑えられる。
- 情報の交換を日常的にすることで、作業や災害防止についての良いアイデアを出し合え、チームワークの向上も期待できる。

――これが基本的な目的と効果ですが、**普段から何でも話し合い、連絡し合い、相談し合うことが習慣になっていれば、お互いの意思が通じ合って現場の人間関係やコミュニケーションが良好なものになる**はずです。

Ⅳ 油断、うっかり、凡ミスによる「災害事例」

　災害の怖さを知ってもらうには、「災害事例」を見てもらうのが一番効果的です。

　ここでは、危険を甘くみて起こった災害、普通ならしそうもないミスやエラーでの災害事例をいくつか紹介します。

同じ失敗をしないために、自分ならどうするかを考えてみましょう！

【災害事例1】　　墜　落

| 状況 | 外部足場の最上段で作業中、足場板の段差につまずき、手すりに体をあずけたところ、手すりが外れて墜落 |

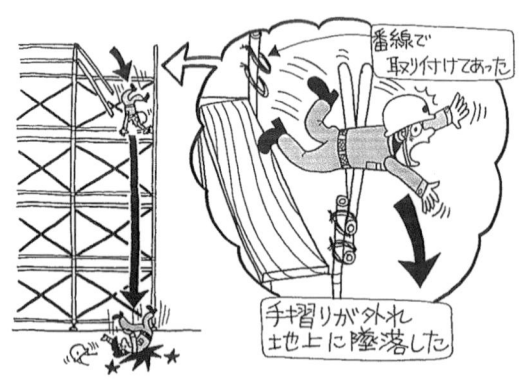

| 原因 | ・作業前に足場の点検をしなかった
・足元を注意しなかった |

【災害事例2】　墜落

状況	スラブ床の一部に開口を設け、パイプサポートの荷揚げをしていたとき、吊り荷をつかめずに墜落し、死亡

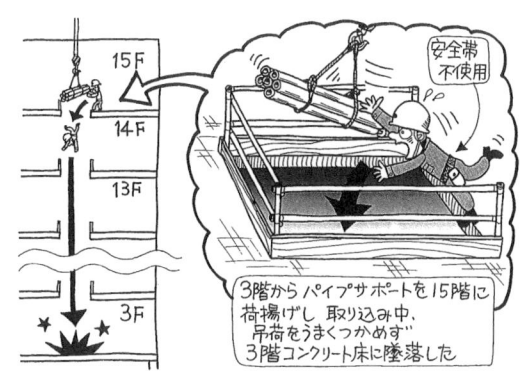

原因	・勝手に手すり、中さん、幅木を外して作業していた ・荷取り作業中は安全帯を使用していなかった ・吊り荷に介錯ロープを設けていなかった

【災害事例3】　挟まれ

状況	現場の荷さばき所で、バックしてきたトラック（資材搬入車）の後ろを横断しようとして、トラックと外壁の間に挟まれた

原因	・被災者は、資材を早く取りに行こうとして近道をした ・トラックの運転者が警備員の徐行の指示を無視した

【災害事例4】 激突

| 状況 | 土のうを吊り上げていたバックホウが急に旋回し、作業者（合図者）に激突。重傷を負った |

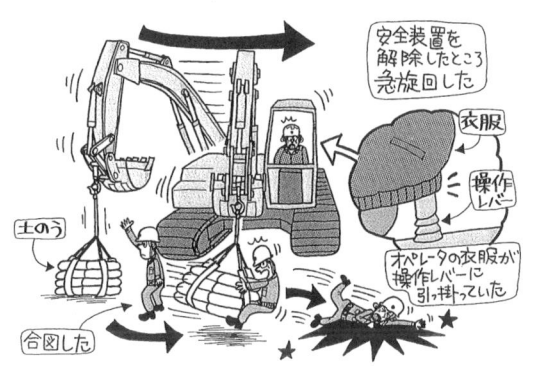

| 原因 | ・オペレータが、操作レバーに衣服が引っかかっているのに気づかなかった
・バックホウから十分に離れずに巻き上げの合図をした
・バックホウを用途外使用した |

【災害事例5】　落下

状況	ウインチで巻き上げ、地切りしたＡＬＣ板に近づいたとき、吊り金具（クランプ）から180kgのＡＬＣ板が脱落し、作業者の右足甲に落下

原因	・吊り治具の点検が行われず、不備に気づかなかった ・被災者は安全靴を履いていなかった ・作業手順が作られていなかった

【災害事例6】　切傷

| 状況 | 卓上スライド丸のこを使用中、切り離した造作材を取ろうとして、まだ惰性で回転していた刃に触れてしまい右手の甲を切った |

| 原因 | ・丸のこの刃が止まっているか、確認しなかった
・刃が止まるまでに時間がかかることを知らなかった |

【災害事例7】　一酸化炭素中毒

状況	地下ピットに溜まった雨水をガソリンエンジン付きポンプで排水中、作業者2人が一酸化炭素中毒で倒れ、救出に当たった7人も次々に具合が悪くなる

原因	・ガソリンエンジン付きポンプが、一酸化炭素中毒の原因になることを知らなかった。2次災害に対する警戒もなかった ・作業に応じた換気装置がなかった

【災害事例8】　熱中症

状況	猛暑日に解体作業をしていた作業者が、午後の2時頃に手足にしびれを感じ始めたため日陰で1時間ほど休憩していたが体調が戻らず、吐き気を催すなどしたため救急車で病院に搬送したものの、多臓器不全で死亡した

原因	・炎天下の作業で大量に汗をかいていたにもかかわらず、水分・塩分の補給をしなかった ・前夜の飲酒と睡眠不足で体調そのものが良くないようだった ・熱中症の怖さが認識されていなかった

はじめの一歩
建設現場への送り出し教育

2014 年　6 月 4 日　初版
2021 年　6 月 2 日　初版 3 刷

編　　　者　労働新聞社

発　行　所　株式会社労働新聞社
　　　　　　〒 173-0022　東京都板橋区仲町 29-9
　　　　　　TEL：03-5926-6888（出版）　03-3956-3151（代表）
　　　　　　FAX：03-5926-3180（出版）　03-3956-1611（代表）
　　　　　　https://www.rodo.co.jp　　　pub@rodo.co.jp
印　　　刷　株式会社ビーワイエス

ISBN 978-4-89761-512-7

落丁・乱丁はお取替えいたします。
本書の一部あるいは全部について著作者から文書による承諾を得ずに無断で転載・
複写・複製することは、著作権法上での例外を除き禁じられています。